不能不知道的中国

不能不知道的中国

人文科技

上尚印象 编绘

北方妇女儿童出版社

·长春·

中国的人文科技
——回顾古代科技发明，迎接科技发展的新时代

每当说到中国古代的科技发明，我们一定会想到"四大发明"。其实，除四大发明以外，中国古代还有很多项科技发明领先世界，闻名全球，像影响至今的中国古代农耕，巧夺天工的古代纺织，最能代表"中国制造"的古代玉器、青铜器、陶瓷和生铁冶炼，还有领先于世界的古代天文、古代数学和古代化学。这些科技发明是中国历史长河中璀璨的星辰，它们是古人智慧的结晶，是中国传统文化的精髓，更是我们每个中华儿女的骄傲。

七十年披荆斩棘，七十年风雨兼程，在中国共产党的带领下，中华人民共和国经历了从无到有，由弱变强的历史跨越。在这七十年间，坚韧的中华儿女不忘初心，砥砺前行，建造了一项又一项震惊全球的超级工程，完成了一项又一项"不可能"的任务，打造了一张又一张崭新的"名片"。中国航天工程、超级计算机、5G 网络、人工智能、深潜技术、绿色能源以及纳米技术 …… 中国以一系列创新成就实现了前所未有的历史性飞跃。

回顾过往，我们将更加坚定脚下的路。

科技强则国强。七十年来，中国科技在多个领域经过不懈追赶和努力，已经位居世界前列。未来，中国科技人员还会在创新型国家和世界科技强国之路上不懈努力，共同为实现中华民族的伟大复兴而努力！

目 录
.MULU.

不能不知道的
中国
/ 人文科技 /

中国农业

"民以食为天"，"食"是人类生产、生活最重要的因素，也是治国安邦的头等大事。中国是世界上最早开展农业种植的国家。从远古时期起，中国就已经掌握了种植和栽培农作物的技术。直到今天，中国农业大国的地位也是无法撼动的。

五谷

原始社会初期，人们只能依靠打猎或是采摘野果为食。后来，人们学会了耕地，并开始尝试栽种各种作物。我们常说的"五谷"（粟、黍、稻、麦、菽）就是在那时出现的。

这果子真香甜啊！

农具的改变 ▲

商朝时期，青铜器的制造技术逐渐成熟，人们开始用青铜制作农具，耒耜和锄镬是当时主要的农具。

耒耜是农民用来翻整土地的主要农具；锄镬相当于现在的锄头，是一种刨土农具。

耕地的改变 ▲

随着农具的改变，人们也开始将耕地转移到邻近水源的地方。水源的丰富催生出了水产养殖业。同时，湿润的土地、丰富的降水让人们意识到，单纯的农耕已经无法满足日常所需。为此，他们开始种植大量的果树，种植业也就出现了。

圈养

随着五谷的出现，人们也开始学会驯化野生动物，圈养猪、牛、羊等牲畜。

祈求上苍保佑我们！

二十四节气的出现

据史料记载，古人很早就注意到了太阳升落、月亮圆缺的变化，从而产生了时间和方向的概念，并划分出了二十四节气。二十四节气可以告诉农民何时播种、何时收割。直到今天，农民们也都是依照二十四节气来耕种庄稼的。

多撒些种子。

这样好省力气。

辅助农具 ▲

战国时期，人们发现可以利用牲畜来帮助耕地，增加粮食产量。就这样，温顺耐劳的牛成了人们耕地的"好帮手"。

后来，人们又发明了水车等灌溉工具，大大地解放了双手。

与此同时，越来越多的农具出现了，比如包含十一个部件的结构完整、使用轻便的曲辕犁，用于深耕的铁搭，适合南方水田作业的龙骨车，适合联合作业的高效农具推镰等。同时，南方水田精耕细作体系形成了，水稻育秧、移栽等耕种方法也大大提高了农作物的产量。

让人又爱又恨的小麦 ▶

宋代之前的主要农作物是小麦。小麦是人们日常的主食来源，但是小麦的耕作条件给人们造成了很大困扰。

小麦的生长需要消耗大量的土地肥力，往往种上一季就需要让土地休息一到两年，这就意味着就算农民有地，一年也只能产出三分之一的作物，产量根本满足不了人们的日常需求。

水稻的出现 ▶

就在人们为耕种小麦而发愁的时候，水稻出现了！水稻不需要休耕，只需要大量的水资源和适当的养分就可以在一块土地上轻松地做到一年两熟或三熟。同时，因为水稻是需要长期浸泡在水中生长的，种植水稻不仅可以提高产量，还可以有效避免土地干旱。

不同种类的水稻

20世纪初期，中国人口数量骤增，但耕地面积不变，这就意味着水稻也满足不了人们的需求了。

为此，人们开始重点研究水稻的特性，比如有的水稻的稻秆儿比较长，有的水稻稻秆儿比较短，有的水稻麦穗儿比较多，有的水稻稻粒儿比较粗。不同种类的水稻有不同的优点。

秆儿长　　秆儿短　　穗儿多　　粒儿粗

杂交水稻出现啦！

为了提高水稻的产量，人们开始尝试让穗儿多的水稻与粒粗的水稻杂交一下，这样下一代水稻就同时具备两种水稻的优点，产量也会提高很多。经过不懈努力，杂交水稻出现啦！

产量提高了！

自从杂交水稻问世后，中国水稻的产量有了飞跃式的提升。如今，杂交水稻在中国的种植面积已经达到 1500 万公顷，约占全国水稻种植面积的一半，亩产已经可以达到 1500 千克了，这就意味着一亩地可以养活 5 个人。

袁隆平和杂交水稻

1960 年 7 月的一天，在湖南安江农校教书的袁隆平像往常一样来到校园外的早稻试验田观察。不经意间，他发现了一株特殊的稻子。这株稻子长得特别好，穗子很大，很整齐，籽粒也很饱满。袁隆平如获至宝，连忙把这株稻子的稻种一粒粒收好，期望它们能够培育出同样优质的水稻。可事与愿违，当他把这些稻种发育出的稻苗插进试验田时，收获的却是高矮不齐、产量不高的一般水稻。这样的结果并没有使袁隆平受到打击。相反，他更加坚定了进行杂交水稻研究的决心。

之后，袁隆平每日头顶烈日，脚踩烂泥，像寻找猎物一样在无边无际的稻田里寻找特殊的稻子，并尝试杂交。1975 年，袁隆平终于成功培育出了杂交水稻。1976 年，全国大面积推广杂交水稻，粮食大量增产。袁隆平也因为对杂交水稻的杰出贡献，被人们称为"杂交水稻之父"，2019 年被授予"共和国勋章"。

中国纺织

"衣食住行"是人们最基本的物质生活需求。其中,"衣"的演变体现了华夏文化在织、蜡染、绣等方面的杰出工艺和审美艺术。中国是世界上最早生产纺织品的国家之一。无论是技艺精湛的纺织技术,还是种类丰富的纺织品,都是中国传统科技中璀璨的明珠。

丝织品

丝织品就是以丝绸为面料的纺织品。丝绸约有 5000 多年的历史,中国是世界上最早饲养家蚕和缲丝织绸的国家,为此中国还曾被称为"丝国"。直到现在,丝绸仍是中国一张闪亮的"国际名片"。

四大名锦

中国古代丝织品不仅有素织的绢、纱等,还有带花纹的绮、锦、缎,其中尤以锦类中的四大名锦最为华丽突出。色彩鲜艳的丝绸上,有的绣着恬静的山水风光,有的绣着灵动的飞禽走兽,无不体现着中国古代丝织品的奢华和贵重。

云锦 ▲

南京云锦是中国传统的丝制工艺品,有"寸锦寸金"之称。清朝时期,云锦的织造工艺达到了巅峰,官府在南京设立了江宁织造局(署),云锦也成为御用织缎。云锦是目前为数不多的,仍在使用传统的提花木机织造的传统丝织品。

壮锦 ▲

壮锦是广西壮族自治区著名的传统丝织物,花纹图案接近剪纸图案,变化千姿百态。传统的花纹图案有花、鸟、鱼、虫、兽以及"万""双喜"等文字图案。线条粗壮有力,色彩艳丽,以红、绿、黑、黄为主。

麻织品

麻织品以亚麻、苎麻、罗布麻等软质麻纤维为纺织材料，吸湿性好，防腐性好，透气性好，且不沾身，不会产生静电，一般都用来制作夏天穿的衣服，或是凉垫、凉席等。

棉织品

棉织品是用棉花织成的纺织品。中国是棉花出产大国，自然也是棉织品大国。棉花的吸湿性和透气性都比较好，还具有柔软保暖的特效，是现今中国纺织工业中最重要的原料之一。

宋锦 ▲

宋锦工艺复杂，品种繁多，主要分大锦、小锦和匣锦三类。大锦图案规整、富丽堂皇，适合于装裱各类名贵字画。小锦质地柔软坚固，由天然蚕丝制作而成，主要用来制作高贵典雅的服饰。匣锦最薄，主要用作书画、锦匣装裱。

蜀锦 ▲

蜀锦是中国最古老的丝织品之一，兴于春秋战国时期。蜀锦色彩鲜艳、图案清晰、花型饱满、对比性强烈。唐朝时期，蜀锦流通到了日本、波斯等国。蜀锦色彩丰富、工艺精美，分为经锦和纬锦两大类。

最初的纺线工具 ▲

要把麻、丝、毛、棉等纤维原料加工成纺织品，必须先将它们纺成纱线。早在原始社会时期，我们的祖先就发明制作了纺线的工具。它是用陶或者石头制成的一个圆盘，中间有个孔，孔里插着一根木杆，工作时需要人不停地转动盘子，纺线就会缠绕在木杆上。

纺车 ▲

最初的纺线工具效率很低。后来，随着文明的进步，人们发明了纺车。古时的纺车结构比较简单，上面有一个用手转动的轮子和纱锭，人们通过转动轮子，就可以使纺线加长。

长知识吧！ 蚕宝宝变丝绸

缫丝

缫丝，就是抽丝剥茧。人们先挑选品相合格的蚕茧，将蚕茧浸在热水中，然后手工抽丝。一颗品相优良的蚕茧可以抽出大约 1000 多米长的蚕丝。

织造

缫丝完成后，将若干蚕丝合并成生丝，然后将生丝相互交织，最终形成丝织物。

其他工艺

织造完成后，就可以继续对丝织物进行刺绣、染色、印花等工序，最终的成品就是我们所见到的色彩绚丽的丝绸。

织布机 ▼

纺好了纱，接下来就需要将这些纱线织成布，这就要提到我国古代的另一个发明——织布机。秦汉时期，人们就发明了一种手脚并用的织机，这是当时全世界最先进的织机。

提花织布机 ▼

最初的织布机只能织出平纹的织物。为了织出有复杂花纹的织物，人们又发明了提花织布机。提花机的出现，不仅丰富了织物的花纹和样式，也提高了织布的整体效率，省工省时。

讲故事

扫一扫
听故事

黄道婆的故事

黄道婆出生在长江之滨的一个贫苦家庭。她从小就喜欢纺织。她发现人们都是用手去剥棉花，太浪费时间了，而且弹棉花的弓很小，又得用手指拨弦，既费时又费力。于是，她下定决心要改善纺织技术。

黄道婆前往纺织技术发达的崖州，学习当地先进的技术。当地的人毫不在意黄道婆是外地人，将先进的技术悉数教给她。黄道婆在这些技术的基础上，又改进了纺织工具。

后来，黄道婆回到家乡，将这些技术教给大家。家乡的人们在黄道婆的帮助和指导下，纺织的速度和织品的质量都有了很大的提高。后人为了纪念她，尊她为"纺织始祖"。

— 山川之灵 —
玉 器

玉是人们从山岩中剥离出来的，蕴藏着山川的灵气。玉器起源于距今1万多年前的原始社会，历经朝代更迭，代代相传，又因其温润坚硬的特性、高洁忠义的寓意，历来被国人所喜爱。

尊贵之物 ▲

玉是尊贵之物。在科技并不发达的古代，开采和加工玉石都是非常费时费力的，只有帝王和一些贵族才有条件佩戴玉器。

君子佩玉 ▼

中国古代的士大夫一直都有佩戴玉的习惯，他们认为玉质地温润，不易折断，象征着君子的"仁""义"品格。

吉祥之物 ▼

明清时期，玉器开始在民间流行。百姓认为，玉本身就有"平安吉祥"的寓意，再配上龙、凤等吉祥的纹饰，更有招财、长寿的寓意了。

修身养性 ◀

中国使用玉石养生的历史悠久。《神农本草》和《本草纲目》中就曾记载：玉石可"除中热，解烦闷，润心肺，助声喉，滋毛发，养五脏，疏血脉，明耳目"。

四大名玉

　　中国拥有"四大名玉"，分别是新疆和田出产的"和田玉"、辽宁岫岩出产的"岫玉"、河南南阳出产的"独山玉"和陕西西安出产的"蓝田玉"。

和田玉

岫玉

独山玉

蓝田玉

　　和田玉的玉质为半透明状，质地温润细密，颜色多为白色、青绿色、黑色和黄色，是中国的"国玉"。

　　岫玉质地坚韧，细腻温润，光泽明亮，色彩丰富，可调性和抛光性好，特别适用于大中型玉器的雕刻制作。

　　独山玉质地细腻，色彩多样，因硬度几乎可与翡翠媲美，又被称为"南阳翡翠"。

　　蓝田玉质地致密，呈玻璃光泽。李商隐的"沧海月明珠有泪，蓝田日暖玉生烟"，成就了蓝田玉的千古美名。

讲故事

好玉赠好人啊！

我们要将这些玉石分给村民们。

扫一扫听故事

蓝田玉的传说

　　相传，终南山上住着一个书生，名叫杨伯雍。杨伯雍虽然家境贫寒，却热爱读书学习，也富有爱心。他发现村口来来往往的旅人很多，却没有一个停歇喝水的地方，便搭了个简陋的凉亭，方便他人。有一回，有位老人因过度劳累，晕倒在凉亭边。杨伯雍背回老人，精心地照顾他。老人醒后，为了表达对杨伯雍的感激之情，给了他一块玉石，要他种在地里。

　　杨伯雍依言照办，没过多久，地里竟然长出了很多玉石。他用玉石换来不少钱，迎娶了一位美貌贤惠的妻子。夫妻俩都是善良的人，看到百姓因旱灾而挨饿，于心不忍，就把自家的玉石分给百姓。此后，所有人都过上了幸福的日子。原来，那位老人并不是凡人，而那些玉石正是传说中的蓝田玉。

青铜器

青铜是金属冶炼史上最早的合金，青铜器就是用青铜合金制成的器具。青铜器制作始于夏朝，盛行于商、西周、春秋以及战国早期，至今已有1600余年的历史。

坚硬的青铜 ▽

自然界中存在着大量天然的纯铜块，铜也成为人类最早认识的金属之一。但纯铜的硬度较低，不适合制作任何生产工具，所以并没有被人们采用。后来，人们发现了锡矿石，锡的硬度比较高，将锡加入铜中，铜的硬度就有了很大的改变。

这种由铜和锡组成的合金就是青铜。青铜比较坚硬，很适合制作各种器具，比如农具、食具和大量的兵器等。

长知识吧！ 如何制作青铜器？

首先，工匠们要用泥土按照自己想要的形制制成模子，并在上面刻上花纹或装饰，放入烧窑中烧制母模。

待母模烧至成型后，在母模表面再敷一层泥膜，经过烧制，就得到了陶范。陶范被切割成若干块，便于脱模。

组合好陶范，浇入青铜溶液。待青铜溶液冷却后，打碎陶范，取出所铸铜器，加以打磨和整修，一件精美绝伦的青铜器就铸好了。

多种多样的青铜器

青铜器的形状千奇百怪，不同形状的青铜器有着不同的作用。古人将这些青铜器分为食器、酒器等几类。

鼎（dǐng）

鬲（lì）

甗（yǎn）

豆（dòu）

爵（jué）

觚（gū）

食器类

鼎在古代是用来烹饪肉类或盛装肉类的容器，仅限于帝王使用。

鬲是古代煮饭用的炊器，商代以前的鬲是无耳（把手）的，后期在口沿上加了两个直耳。

甗是先秦时期的蒸食用具。它和我们现在的蒸锅很像，上面是甑，就是现在的笼屉；下面是鬲，用来煮水。

豆是古代用来盛肉酱或是其他食物的器具，形状很像我们现在的高脚杯。

酒器类

爵是古代一种用于盛放、斟倒和加热酒的器具。

觚是古代常用的饮酒器具。

讲故事

这九个鼎就代表着中华九州！

扫一扫听故事

禹铸九鼎的传说

也许你不知道，中国还有另一个神秘而浪漫的名字——九州。相传，夏朝初年，大禹划分天下为九州。九州是指冀州、兖州、青州、徐州、扬州、荆州、豫州、雍州和梁州。大禹令九州贡献青铜，铸造九鼎，代表九州。随着夏、商、周三个王朝的更迭，九鼎也成为夏、商、周三代的传国重器。这个"鼎"之所以金贵，不仅是因为它所代表的意义，还因为铸造它的材料——青铜在当时非常珍贵。"一言九鼎""问鼎中原"中的"鼎"都是出于此。

陶瓷

中国是陶瓷的故乡，陶瓷是中国的象征。陶瓷自诞生以来，就与中国的食文化、酒文化、茶文化、服饰文化、音乐文化、诗词文化等紧密地联系在一起。伴随着古代丝绸之路的发展，中国陶瓷迈出了国门，为世界的文化交流和文明进步做出了突出的贡献。

陶器和瓷器

我们经常会说陶瓷，其实陶器和瓷器是两种不一样的器物。它们的区别在于：第一，瓷器的原料为瓷土，陶器的原料为一般的黏土；第二，陶器的烧制温度为 600~1000℃，瓷器的温度一般在 1200℃以上；第三，陶器的质地粗糙，颜色暗淡，瓷器的质地坚实细密，颜色鲜亮；第四，陶器表面一般没有釉，而瓷器表面都会涂上一层彩绘釉，使得瓷器的颜色更加鲜艳。

古代名窑

瓷器经过了上千年的演变和发展，在宋代达到了巅峰。此时，瓷器品种众多，烧制瓷器的瓷窑也数之不尽。其中，有六个瓷窑烧制的瓷器最受欢迎，它们分别是：钧窑、龙泉窑、定窑、磁州窑、景德镇窑和耀州窑。

最初，人们用黏土制作陶器。后来，人们无意中发现了另一种和黏土性质一样，但可塑性却比黏土更好的原料——高岭土。用高岭土烧制的陶器质地紧密，胎体坚硬，实用性大大增强。再后来，人们发现用高岭土制作的陶器在入窑烧制后，器壁上会有一些闪亮的东西。经过反复观察，这些闪亮的东西是窑内的草木灰落在陶坯上形成的。于是，人们把草木灰与水调和成浆状涂刷在陶坯表面，经烧制后陶器器表有了一层光亮的玻璃质，这就是釉。

五颜六色的瓷器

瓷器从诞生一直到汉唐都是单色的，偶尔会刻绘少量的花纹，但也是不上颜色的。唐朝时，人们开始在釉上花费了大量的心思，于是瓷器开始有了颜色，出现了青瓷、白瓷、彩瓷和珐琅彩等。

青瓷

白瓷

彩瓷

珐琅彩

青花瓷是中国最典型的白地蓝花彩瓷，最早出现于唐宋时期，明朝时期成为瓷器中的珍品。青花瓷中的青花是用天然含有钴的色料，在白釉上描摹绘画，再罩上一层透明釉，最终需要经过1200℃以上高温才能烧制而成。

冶炼神技
生铁冶炼

铁器在日常生活中随处可见。但在古时候，铁制的器物却很少见。铁不同于铜，除了陨石里面含有天然铁之外，所有的铁都是和别的元素化合着的矿物，必须经过冶炼。这就意味着铁器的出现要晚于青铜器和陶器。

铁矿石中含有很多杂质。

块炼铁 ▲

中国最早的炼铁方法是块炼铁。古代工匠一般会先砌炉，在炉中放入铁矿石和木炭，点燃木炭后，鼓风加热。当炉内温度达到1000℃时，铁矿石中的氧化铁就会还原成金属铁。这种块炼铁的含碳量低，质地比较软。

快搅啊！

千锤百炼 ▲

为了提高铁的质量，西汉中期的工匠发明了"百炼钢"的新工艺。所谓"百炼钢"就是将块铁反复加热、折叠锻打，使铁的组织致密、成分均匀、杂质减少，最终成为坚硬的钢。除了百炼钢外，还有"五炼""五十炼"等。不同的数字代表着加热和捶打的次数，次数越多，铁越坚硬。

炒钢法 ▲

西汉中期，古代工匠又发明了一种新的生铁炼钢技术，即炒钢。炒钢的原料也是生铁，将生铁在熔炉中加热到液态或半液态，之后不停地搅拌，再靠加上鼓风或撒入精矿粉，借助空气中的氧，令硅、锰、碳氧化，把含碳量降低，从而得到坚硬的钢。

炒钢因在冶炼过程中需要不断搅拌，动作好像炒菜一样而得名。

生铁 ▲

由于块炼铁产量低、费工多、劳动强度大，无法量产，人们经过研究加强了鼓风的力度，加高了炉子。这种方法生产出的铁的含碳量超过了2%，被人们称为"生铁"。

冶铸 ▲

明朝时期，工匠们开始对液态铁感兴趣，并从制造青铜器的过程中得到了启发。他们也制造了铁模和铁范，将铁水浇铸到铁范内，从而得到了各种形状的铁器。

煤炭炼铁 ▶

中国古代很早就开始使用煤炭炼铁了。使用优质的煤炭作为炼铁燃料，可以很容易地达到理想高温，并且减少了炼铁的工序，有效地提高了铁的产量。

长知识吧！ **钢铁大国**

从古至今，人们的日常生活都是离不开钢铁的，大到我们居住的楼房、乘坐的汽车，小到我们炒菜用的铁锅等。20世纪90年代起，中国钢铁产量破亿，一跃成为钢铁大国！

21

抬头问天

古代天文

中国是世界上天文学起步最早的国家之一。早在原始社会，尧帝就设立了专职的天文官，专门从事"观象授时"。从那时起，古人就开始研究太阳、月亮、行星、彗星、恒星以及日食、月食、太阳黑子、流星雨等，也发明制造了很多与天文相关的仪器。

哈雷彗星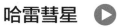

世界天文史学界公认，中国对哈雷彗星观测记录久远、详尽的程度，是任何一个国家都无法相比的。早在 2000 多年前的春秋时期，中国古人就已经对各种形态的彗星进行了认真的观测，还留下了很多珍贵的天文记录，比如三尾彗、四尾彗等。

浑天仪 ▶

浑天仪是中国古代测定天体位置的一种仪器。西汉落下闳、东汉贾逵和唐李淳风都曾制造并作过改进。现紫金山天文台陈列的浑天仪是明朝正统年间所建造的。

> 天体应该是这样运行的。

古人的季节划分

早在商朝的时候，人们就有了春天、夏天、秋天、冬天这种精确季节划分的概念。之后，人们又发明了圭表。圭表是度量日影长度的一种天文仪器，由"圭"和"表"两个部件组成：垂直地面的直杆是表，水平放置在地面上、刻有刻度的是圭。人们通过观察正午时，表的影子的长度来确定季节的变化。

表　圭

我是北天银河中最灿烂的星座!

流星雨 ▼

中国古人对天琴座、英仙座、狮子座等流星雨也都分别有很多记载，光是对天琴座流星雨的记载就有 10 多次。据统计，从公元 7 世纪算起，中国古代至少有 180 次以上关于流星雨的纪事。

候风地动仪 ◄

候风地动仪共有八个方位，每个方位上都有一条口含铜珠的龙头，每个龙头的下方都有一只铜蛤蟆，昂着头。当某一方位发生地震，对应的龙珠就会落入下方铜蛤蟆的口中，人们就可以知晓发生地震的方向。

讲故事

扫一扫
听故事

张衡的故事

张衡是中国古代最为著名的天文学家。张衡小时候常常一个人待在书房里读书、研究，还常常站在院子里观察日月星辰。他想，如果有一种仪器，可以观天察地，预报自然界将要发生的情况，该有多么好啊！

于是，张衡把从书本中学习到的知识结合观察天象进行分析研究，开始改制由西汉落下闳发明的浑天仪。不知经过多少个风雨晨昏，熬过多少个不眠之夜，一个更先进的浑天仪诞生了，称"浑象"。这个大铜球很像今天的地球仪，它装在一个倾斜的轴上，利用水力转动，它转动一周的速度恰好和地球自转一周的速度相同。

后来，张衡又发明了世界上第一个能预测地震的仪器——候风地动仪。由于历史久远，这个地动仪早已损毁失传。我们只能根据《后汉书》的记载，猜测张衡发明的地动仪的模样。

算数之术
古代数学

中国是世界文明古国之一。数学是中国古代科学中一门重要学科，它的发展源远流长，成就辉煌。其中包括圆周率、十进位制计数法、勾股定理、杨辉三角等等。中国数学在世界上一直居于主导地位，并在许多主要领域内遥遥领先。

十进位制计数法 ▼

十进位制计数法在我国原始社会时就已经形成。商朝时期，十进位制计数法已经非常完善了，还有"十""百""千""万"等专用的大数名称。

这是我国古代的甲骨文数码。

几何思想

中国的几何思想在很早的时候就出现了，战国时期墨翟所著的《墨经》中就有详细的记载。他曾在《墨经》中写道："圆，一中同长也。"意思为：每个圆只有一个圆心，从圆心到圆上各点作一个线段，每个线段都是等长的。

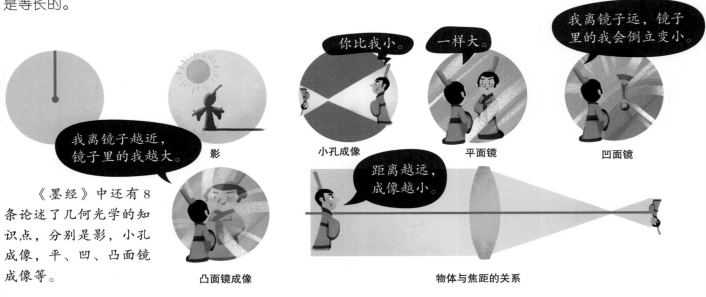

我离镜子越近，镜子里的我越大。

影

你比我小。

小孔成像

一样大。

平面镜

我离镜子远，镜子里的我会倒立变小。

凹面镜

《墨经》中还有8条论述了几何光学的知识点，分别是影，小孔成像，平、凹、凸面镜成像等。

凸面镜成像

距离越远，成像越小。

物体与焦距的关系

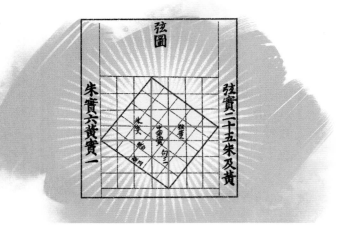

勾股定理 ◀

中国是发现和研究勾股定理最早的国家之一。公元前 11 世纪，殷末周初数学家商高提出"数之法出于圆方，圆出于方，方出于矩"的思想与勾股圆方图，以及用矩测望高深广远的方法。所以，勾股定理也被称为商高定理。公元 3 世纪，三国时代的赵爽创造了"赵爽弦图"，形数结合，对勾股定理进行了的详细证明。

九章算数 ▶

说到中国古代数学，就不能不提《九章算术》，它记录了当时世界上最先进的算术理论，包括分数、小数、负数和方程等。

这些计算方法大多是古代数学家根据日常生活总结出来的。《九章算术》的出现标志着中国古代数学形成了完整的体系。

割圆术和圆周率 ▼

 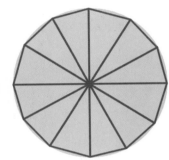 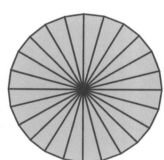 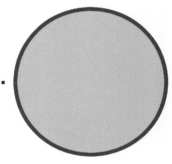

刘徽是中国古代著名的数学家，他在数学上贡献极大。他用割圆术证明了圆面积的精确公式，并给出了计算圆周率的科学方法。圆周率就是"圆周长度与圆的直径长度的比"。他用正六边形开始分割圆，发现只要切割得足够细致，就可以在圆内切割出足够多的六边形，直到不能再继续切割，就可以与圆周完全重合了。计算中常取 3.1416 为它的近似值。

讲故事

祖冲之和圆周率

祖冲之自幼喜欢数学，在父亲和祖父的指导下学习了很多数学方面的知识。一次，父亲从书架上给他拿了一本《周髀算经》，这是一本著名的数学著作，书中讲到圆的周长为直径的 3 倍。于是，他就用绳子量车轮进行验证，结果发现车轮的周长比车轮直径的 3 倍还多一点儿。他又去量盆子，结果还是一样。他想：圆周并不完全是直径的 3 倍，那么圆周究竟比 3 个直径长多少呢？

后来，祖冲之在刘徽创造的用"割圆术"求圆周率的科学方法基础上，经过反复演算，求出圆周率在 3.1415926 和 3.1415927 之间。他也成为世界上第一个把圆周率的准确数值计算到小数点以后第 7 位的人。

质本之变
古代化学

你一定想不到，中国古代的化学技术远远超过了当时世界上其他国家和地区，从精美的陶瓷，到斑斓的染色，再到醇香的米酒和甜美的蔗糖，这些都是化学的产物。

炼丹术在唐朝达到了高峰，并进入了鼎盛时期，出现了大量从事炼丹活动的道教徒，比如孙思邈、金陵子等。从唐朝所记载的炼丹方法中可以看出，这些炼丹术都有着严格的操作程序和步骤，每一步骤所用的时间以及操作方法、药品以及药量的多少都有明确的规定。

炼丹术 ▽

中国古代化学的萌芽和发展与道家的炼丹术是紧密相连的。古代药物学专著《神农本草经》中就列出了许多被人称为"仙药"的药物，比如丹砂、水银等，这些都是当时炼丹师最常使用的药品。

冶金 ▲

你还记得我们之前提到的青铜器、陶瓷吗？它们的制造过程也是离不开化学的。古人在长期的冶炼实践中总结出了铜、锡等合金的 6 种调配比例，为中国后来的合金冶炼奠定了基础。

火药 ▲

古代炼丹家在炼制丹药的过程经常会发生火灾或是爆炸，人们由此产生了灵感，发明了火药。中国是世界上最早发明和使用火药的国家，整整比欧洲早了 500 多年。

酿酒 ▲

最能代表中国古代化学技术的莫过于酿酒了。古时的酒都是粮食酒，人们会先将谷物煮熟，再放入催化剂——酒曲。经过一段时间的存储，谷物就会和酒曲发生化学反应，形成醇香的美酒。

许多美酒要经过多年的储藏，才能得到极致的香气和口感。储藏的年头越多，就越是芳香醉人。

染色 ▲

早在周朝时期，人们就懂得把青、黄、赤、白、黑5种颜色作为染布的基本颜色。后来，他们会从颜色特殊的植物和矿产中提取染料，如蓝靛（深蓝色）、茜红（大红色）等就是从植物中提取出来的，之后才传入欧洲等国，成为其他国家的主要染料。

讲故事

扫一扫
听故事

秦始皇求仙丹

秦始皇在位期间，曾听说在海外有三座仙山，名为蓬莱、方丈、瀛洲。这三座仙山上居住着三个仙人，手中拥有长生不老药。于是，秦始皇就派徐福带领千名童男童女出海寻找长生不老药。

徐福率领着童男童女们出发了，但他们在海上漂流了好长时间也没有找到仙山，更不用说长生不老药了。徐福知道自己回去后一定会被问罪，于是就带着童男童女们逃亡了。秦始皇得知此事后，又派了一个叫卢生的方士出海寻找仙山和长生不老药，也没有成功。就这样，秦始皇直到临终时都没有找到传说中的仙山，更没有得到长生不老药。

古代发明创造

出租车、空调、冰箱等是我们现在生活中必不可少的，其实这些早在几千年前就有了。不止这些，中国古代还有很多你想不到的发明呢！

发射！

古代火箭炮——架火战车

架火战车诞生于明朝。它车体轻便灵活，使用和移动都很方便。打仗时，一人负责瞄准目标，并推动战车，另外两个填装弹药并点火。看这个造型，是不是很像现在的火箭炮呢！

古代"计程车"——记里鼓车

汉代有种马车，车上有两个木人，木人手里握着鼓锤。马车每行至一定里数，木人就会挥动鼓锤，敲响小鼓。记里鼓车是古代天子出巡时，仪仗车驾必备的一种典礼车。

它可以自己飞上天空。

古代无人机——木鹊

据说，木鹊出自鲁班之手，是一种以竹子为材料的，可以连续不断飞行三天的飞行器，主要用于战时侦察敌方。鲁班的这项发明被记载于《墨子·鲁问》中。现在看来，木鹊就是古时的无人机。

我保证，千年不锈！

古代防锈技术——镀铬技术

铬是自然界中硬度最大的金属，有很好的抗氧化性。早在几千年前的春秋晚期，工匠们就已经在越王古剑上镀上了一层含铬的金属，使得这把古剑千年不锈。

古代防晒服——素纱禅衣

马王堆就曾出土过一件令世人震惊的纱衣，衣长128厘米，袖长190厘米，重仅48克，折叠后可以放到一个火柴盒中。夏季穿上它，轻薄美观，很像我们今天的防晒服。

古代防洪建筑——月坝

　　月坝的排水功能十分神奇。当城外的水位低于城内时，涵洞里的木塞是打开的；当城外洪水高于城内的水位时，木塞就堵住了涵洞，防止洪水的倒灌。月坝从整体上保护涵洞，使之与外隔离，避免了内河积水的淹没。排水涵洞和月坝的设计，成功解决了城内排水的问题，实现了防水和排水的自动化。

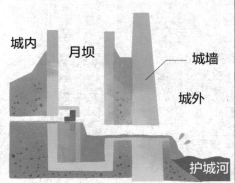 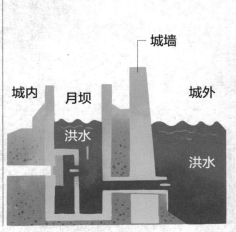

空调冰箱一体机——冰鉴

　　冰鉴是古代的空调冰箱一体机，它分里外两层，外层放入大量冰块儿，内层就可以用来冰镇果蔬和酒水了。并且，冰鉴外层的盖子上还有多个孔，冷气就从孔中冒出来，降低室内温度。这么一看，古代的空调冰箱可要比我们现在的还绿色环保呢！

省时又省力。

古代筛谷机——扇车

　　扇车是古人发明的"稻谷筛选机"。它利用稻谷籽粒与杂质的重量区别，手动转动鼓风机，从而将碾压过的籽粒和杂质分开，筛选出优良的稻谷。

古代天文台——水运仪象台

　　水运仪象台是中国古代的天文台，也是世界上最早的钟表。全台共分三层，最下层又分为五个木阁，每个木阁内都有相应的机轮和木人。每到一个时辰（古人一天分为十二个时辰），相应的木人就会走出来，怀里抱着木牌或是敲打着乐器，整体设计十分精妙。

问天之旅

中国航天

自中华人民共和国成立以来，从"东方红"跃然于世，到"两弹一星"横空出世，再到北斗卫星导航系统服务全球、"嫦娥四号"传回世界上第一张月背影像图……如今的中国已经成为航天强国，并将探索的目光投向更广阔的宇宙了！

第一颗人造卫星 ▼

1970年4月24日，中国首枚航天运载火箭"长征一号"成功将中国第一颗人造卫星"东方红一号"送入预定轨道。中国也因此成为全球第五个可以自行研制和发射人造卫星的国家。如今，"东方红一号"仍在绕地球飞行。

第一枚探空火箭 ▲

1960年2月19日，中国第一枚试验型液体燃料探空火箭"T-7M"在上海南汇老港简易发射场试发成功。

发射基地 ▲

中国"长征"系列运载火箭主要的发射基地有5个，分别是酒泉卫星发射中心、西昌卫星发射中心、太原卫星发射中心、文昌卫星发射中心，以及海上发射中心——中国东方航天港。

载人航天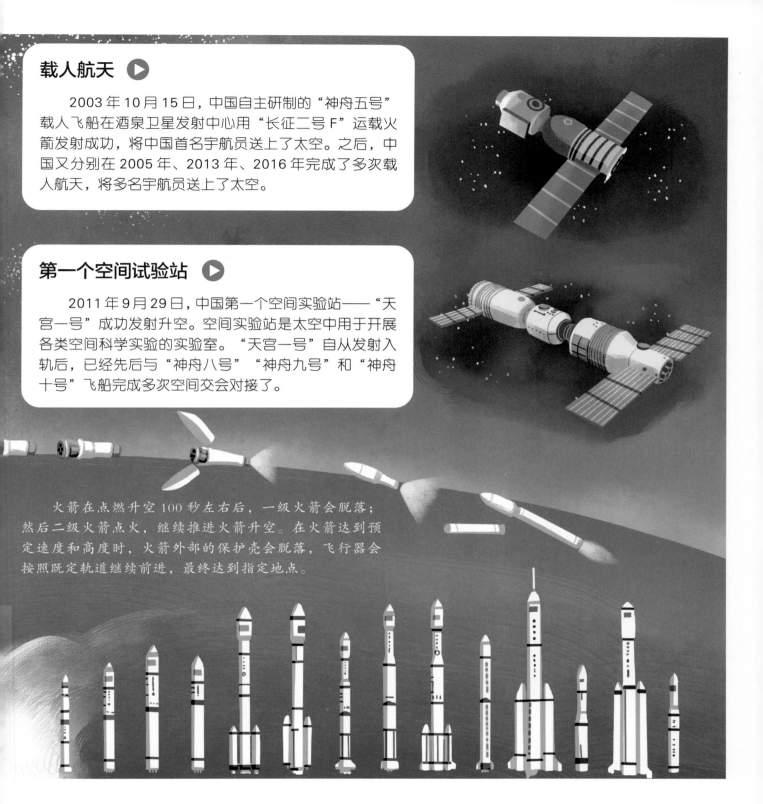

2003年10月15日，中国自主研制的"神舟五号"载人飞船在酒泉卫星发射中心用"长征二号F"运载火箭发射成功，将中国首名宇航员送上了太空。之后，中国又分别在2005年、2013年、2016年完成了多次载人航天，将多名宇航员送上了太空。

第一个空间试验站

2011年9月29日，中国第一个空间实验站——"天宫一号"成功发射升空。空间实验站是太空中用于开展各类空间科学实验的实验室。"天宫一号"自从发射入轨后，已经先后与"神舟八号""神舟九号"和"神舟十号"飞船完成多次空间交会对接了。

火箭在点燃升空100秒左右后，一级火箭会脱落；然后二级火箭点火，继续推进火箭升空。在火箭达到预定速度和高度时，火箭外部的保护壳会脱落，飞行器会按照既定轨道继续前进，最终达到指定地点。

"长征"火箭家族

中国的"问天之旅"必然少不了"长征"家族的身影。"长征"家族是指中国自行研制的航天运载工具，包括"长征一号""长征二号""长征三号"等十多种型号，可以发射从低轨到高轨、不同质量与用途的各种卫星、载人航天器和月球探测器等。

31

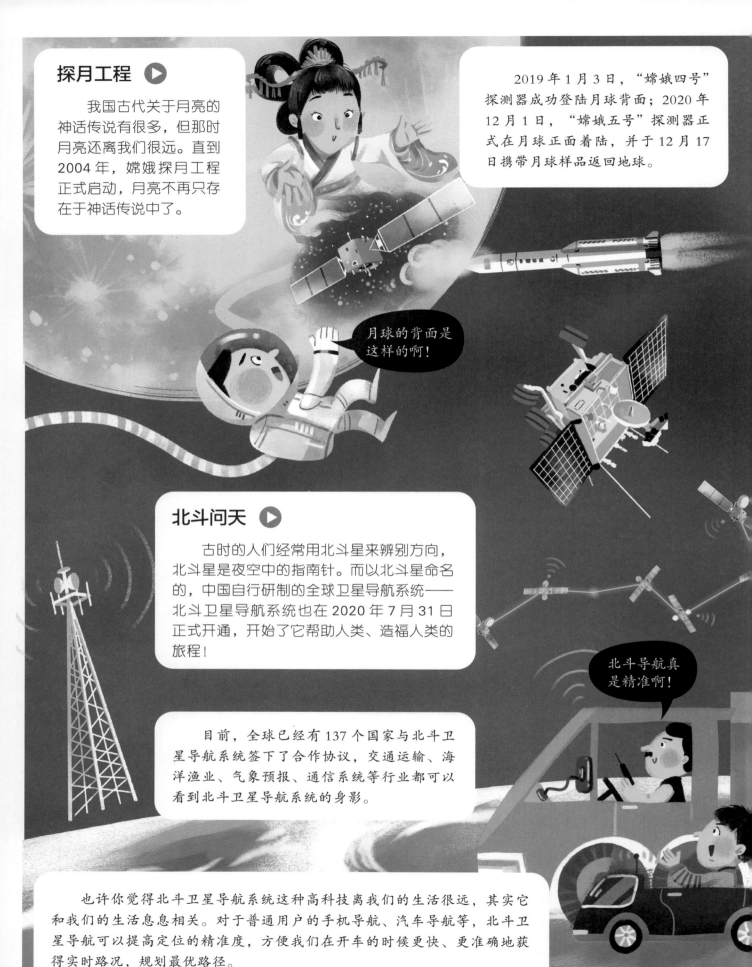

探月工程 ▶

我国古代关于月亮的神话传说有很多，但那时月亮还离我们很远。直到2004年，嫦娥探月工程正式启动，月亮不再只存在于神话传说中了。

2019年1月3日，"嫦娥四号"探测器成功登陆月球背面；2020年12月1日，"嫦娥五号"探测器正式在月球正面着陆，并于12月17日携带月球样品返回地球。

月球的背面是这样的啊！

北斗问天 ▶

古时的人们经常用北斗星来辨别方向，北斗星是夜空中的指南针。而以北斗星命名的，中国自行研制的全球卫星导航系统——北斗卫星导航系统也在2020年7月31日正式开通，开始了它帮助人类、造福人类的旅程！

北斗导航真是精准啊！

目前，全球已经有137个国家与北斗卫星导航系统签下了合作协议，交通运输、海洋渔业、气象预报、通信系统等行业都可以看到北斗卫星导航系统的身影。

也许你觉得北斗卫星导航系统这种高科技离我们的生活很远，其实它和我们的生活息息相关。对于普通用户的手机导航、汽车导航等，北斗卫星导航可以提高定位的精准度，方便我们在开车的时候更快、更准确地获得实时路况，规划最优路径。

火星计划 ▶

　　探月工程仍在继续，中国航天人又将目光瞄准了火星。为此，中国航天正式启动了行星探测计划——天问。2020年7月23日，"天问一号"搭乘"长征五号"遥四火箭，从文昌航天发射中心成功升空，开启前往火星数亿千米的旅程。

我来看看火星上都有什么。

　　目前，"天问一号"已经完成了多次轨道修正、深空机动、星上载荷、仪器测试和太空自拍等复杂操作，并于2021年5月15日成功在火星着陆，开展巡视探测等工作。

走向宇宙 ▲

　　随着探"月"问"火"计划的展开，未来20年，中国将在宇宙中大展拳脚。比如，我们一定会在月球建立属于自己的基地，并实现载人月球登陆计划，甚至还会实现载人火星登陆计划，建立国际性空间站。

— 大国重器 —
超级计算机

超级计算机是指由数千甚至更多处理器组成的，能计算普通计算机和服务器无法完成的计算课题的计算机。它拥有超级强大的数据存储系统和超级快的数据处理系统，是一个国家综合实力的象征，是真正的大国重器。

超级计算机有多快？

超级计算机运算1分钟，相当于地球上所有人同时用计算器计算32年的速度！

资源领域 ▼

石油、煤炭等矿产资源的诞生往往伴随着强烈的地壳运动，比如地震、海啸等。超级计算机可以根据大量的地震数据，通过大量复杂的运算，准确地推测出矿产资源的位置与存储量，方便人们开采。

预测灾害 ▼

超级计算机拥有强大的数据存储能力，可以储存大量的天气数据，然后模拟天气、气候和海洋的情况，精准预测地震、海啸、龙卷风和飓风等自然灾害。

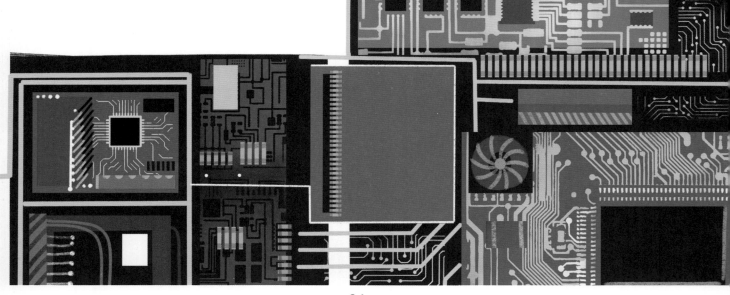

医学制造、先进制造和 ▼
人工智能等新兴领域

　　生物信息学是目前超级计算机新兴的应用领域，如处理人类基因组测序过程中产生的海量数据就离不开超级计算机。

　　开发一种新的药品，通常会经过反复的研制和试验，大约需要 15 年的时间，而利用超级计算机则可以对药物研制、治疗效果和不良反应等进行模拟试验，从而将新药的研发周期缩短 3~5 年，且可显著降低研发成本。

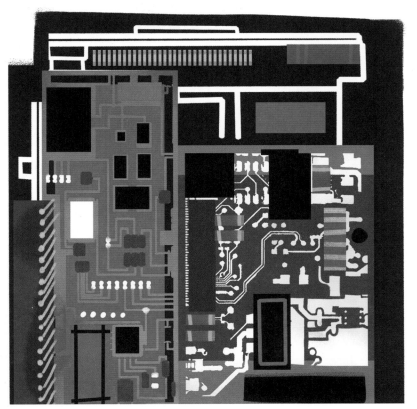

国家超级计算中心

　　截至 2021 年 1 月，中国共建造或正在建设 8 座超级计算机中心，分别为国家超级计算天津中心、国家超级计算长沙中心、国家超级计算济南中心、国家超级计算广州中心、国家超级计算无锡中心、国家超级计算郑州中心、国家超级计算深圳中心和国家超级计算昆山中心。

神威·太湖之光

　　神威·太湖之光超级计算机就位于无锡中心，由 40 个运算机柜和 8 个网络机柜组成。它采用了两侧各 20 个计算机柜和存储机柜、中间单列网络系统机柜的布局，总占地面积达 605 平方米。

　　2016—2017 年，神威·太湖之光在世界超算大会上，连续 4 次夺得冠军，被称为当时"运算速度最快的计算机"。

智眼看天下

中国 5G 网络

纵观世界，计算机、手机、互联网等已经是我们生活中必不可少的科技产物，通信系统也发生了翻天覆地的变化。目前，世界最先进的通信系统就是5G，全球也随着5G技术进入了一个万物互联智能时代。

20世纪80年代，中国正式进入1G时代，"大哥大"的造型深入人心。但由于它价格昂贵，且体积比较大，不便携带，大部分人仍会使用座机。

2000年以后，2G在中国快速发展。手机开始变得小巧，人们可以通过发送短信息交流。

医疗领域 ▲

在医疗领域方面，5G通信将会和远程医疗手术、远程教育结合。如果患者身处偏僻的地方，专家与一线医务人员就可以通过5G远程会诊平台进行远程会诊，为病人提供更好的救治服务。

农业领域 ▲

5G在农业领域的应用也越来越广泛了。5G技术可以使得农业种植更加智能化，利用智能化采集到的数据也更加精准、科学。人们也可以操纵更多的机械化设备来完成播撒农药、收割等，提高作业效率。

2009 年，中国正式进入 3G 时代，彩屏手机出现了，我们也可以通过手机浏览网页了。

2013 年，4G 时代来临了。网速的提升、功能的完善，我们在网上能做的事情越来越多了。

如今，我们正处于由 4G 向 5G 过渡的时代，5G 的网速比 4G 网速还要快很多倍。

上天入地的 5G ▼

截至 2021 年年底，中国已经建成全球最大的 5G 网络，覆盖面甚广。不论是珠穆朗玛峰高达 6500 米的前进营地，还是地下深达 534 米的煤矿井，全都覆盖了 5G 网络，真可谓"上天入地"。

智慧城市 ▲

5G 在城市基础设施建设方面的应用也很广，智慧公路、智慧电网等加快了城市的发展进程。

长知识吧！ 领跑世界的中国 5G

随着 5G 技术的推广和普及，越来越多的国产企业奋起。同样，为了掌握核心技术、降低成本，多家国内芯片厂商决定加速芯片国产化，实现安全可控的"中国制造"。

― 智慧中国 ―

中国人工智能

人工智能是什么？机器人、智能手机、无人驾驶汽车，这些都是人工智能，但仅是人工智能的一小部分。人工智能是研究和开发一种可以像人类一样思考的技术，是目前最尖端、最前沿的技术。

智能识别 ▶

给我们生活带来最大便捷的就是人工智能中的人脸识别技术。把脸凑近，"嘀"一声，你就已经付完钱了。这种技术可以说从根本上改变了我们的生活方式。目前支付宝的人脸识别准确率已远超肉眼，且能够克服光线、表情、化妆、年龄，甚至是整容的技术障碍。

智能驾驶 ▶

自动驾驶汽车拥有不寻常的"大脑"，能够实时感知环境信息，搭配高精度地图，及时预测周边车辆与行人的行为和意图，为汽车提供自动驾驶整体解决方案，保障乘客的安全。

智能机器人 ▶

2016 年，由中国多家知名医院历时 15 年自主研发的第三代"天玑"——"独臂侠"骨科机器人正式问世。它是世界上唯一能够开展四肢、骨盆以及脊柱全节段（颈椎、胸椎、腰椎、骶椎）骨折手术的骨科机器人。如今，"天玑"骨科机器人已经完成了数万余例手术，成功率在 90% 左右。

人工智能大国

从 20 世纪 50 年代起，人工智能之父图灵提出了人工智能（AI）的概念，不少国家开始将目光转向了人工智能领域。我国也不例外，经过半个多世纪的研发，我国已经成为人工智能大国了。

智能安防 ◀

　　警察可以利用人工智能技术实时分析图像和视频中的内容，识别人员、车辆信息，追踪犯罪嫌疑人，也可以从海量的图片和视频库中对犯罪嫌疑人进行检索比对，节省调查时间。当然了，智能安防在我们日常生活中的应用也很广泛，智能防盗门就是最好的例子。智能防盗门上的摄像头可以拍摄下每个访客并存档，如果有人企图破门而入，它还会自动报警呢!

智能家居 ◀

　　随着物联网、大数据、人工智能的蓬勃发展，越来越多的智能家居已经进入人们的生活。新买的大米，扫一下条形码，智能电饭煲就能匹配相应的煮法。深夜一进家门，迎接你的再也不是黑漆漆的屋子，而是明亮的灯光、舒适的温度，甚至还有你最喜欢的歌曲。

智能医疗 ◀

　　人工智能已经深入医疗健康领域的方方面面，在智能诊疗、医学影像分析、医学数据治理、健康管理、精准医疗、新药研发等场景中都可以看到人工智能的身影。人们将人工智能应用于医疗辅助诊断，让计算机学习专业的医疗知识、记忆海量历史病例、识别医学影像、构建智能诊疗系统，帮助医生完成诊断。

深 海 探 险
中国深潜

大海是人类生命的摇篮，它高压、漆黑和极端的温度是人类探索海底世界最大的挑战。但中国并没有止步不前，而是一直在探索神秘的海洋，并致力成为深潜领域的强国。

7103 救生艇 ▽

7103 救生艇自 1971 年开始研制，于 1986 年研制成功，是中国第一艘载人潜水器。虽然它只能下潜 300 米，航速也只有四节，却是当时最先进的救援型载人潜水器。

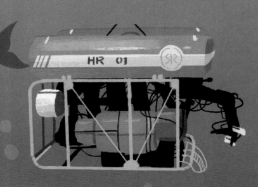

"海人一号" ▷

"海人一号"是一台有缆遥控的水下机器人，它最大的下潜深度为 200 米。1986 年，"海人一号"正式完成了水下试验，它的成功下潜是中国水下机器人发展史上的重要里程碑。

"蛟龙号" ▲

2010 年 5~7 月，中国第一台自主设计和集成研制的载人潜水器"蛟龙号"下潜深度达到了 7020 米，是目前世界上下潜能力最强的作业型载人潜水器。

"海斗号" ▲

"海斗号"是中国研发的无人潜水器。2016 年 6 月 22 日至 8 月 22 日，"海斗号"在马里亚纳海沟多次下潜，下潜深度达到 10767 米，创造了中国无人潜水器的最大下潜以及作业深度纪录。可以说，"海斗号"的成功标志着中国深潜正式进入万米时代。

"深海勇士"号 ▶

中国第二代深海载人潜水器——"深海勇士"号的作业能力达到了水下 4500 米，曾成功获取一只深海水虱样品，这是中国首次在南海海域通过定向诱捕的方式捕获深海水虱。

"奋斗者号" ▲

2016 年，中国开始研发万米载人潜水器——"奋斗者号"。2020 年 10 月 27 日，"奋斗者号"在马里亚纳海沟成功下潜至 10058 米，并在之后又进行了 3 次万米下潜，创造了多项纪录。

— 绿色未来 —

中国绿色能源

能源是能够提供能量的资源，在我们的生活中是必不可少的。从我们日常生活中使用的空调、做饭的天然气，到我们出行所乘坐的交通工具，再到国家的发电等，都是离不开能源的。

分布地区

中国可开发的风能资源储量为 2.53 亿千瓦，新疆北部、内蒙古、甘肃北部、东南沿海以及其附近岛屿都是风能资源丰富的地区。

风能

20世纪80年代，中国就已经开始发展风能发电了，之后还建设了世界上第一个 10 兆瓦风电场，比当时世界上最大的风力发电场还要大 12 倍。

> 这就是清洁能源！

> 太神奇了，风也能发电。

水能

在中国广袤的国土上，河流众多，径流丰沛，落差巨大，蕴藏着非常丰富的水能资源。

水能的优势

水能同其他绿色能源一样，存储量都是巨大的，并且水能发电的发电率很高。水电站除了可以用来发电外，还具有其他的用处，如防洪灌溉、航运、养殖等。

中国水电站

中国作为水能存储量大国，也建造了很多规模巨大、发电量居世界前列的水电站。其中最著名的要数三峡水电站了。三峡工程是中国乃至世界最大的水利枢纽工程。

风能的优势

利用风能发电就不需要建造大型的发电站了，很大程度地降低了发电成本。

太阳能

中国约有三分之二的国土面积的年日照时数都在 2200 小时以上，太阳能的理论存储量相当于 24000 亿吨煤的量。

光伏板的妙用

为了更好地利用太阳能，人们发明了光伏板。将光伏板暴露在阳光下，就会产生大量的直流电，可以为房屋供电、照明，或是控制城市的交通信号灯以及监控系统。

太阳能的优势

太阳能的能量是巨大的。在地球上，没有任何能源可以与太阳能相比。太阳每年照射到地球上的能量是目前全世界每年所消耗的各种能量总和的 1 万倍。

始于毫末
中国纳米技术

中国早就意识到纳米科学对其他科学、技术和经济发展的潜在贡献。过去20年，在国家纳米科学中心、中国科学院科研院所和国内一流大学等机构的共同推动下，中国已成为当今世界纳米科学与技术领域的领先国家。

纳米技术是什么？

纳米，是一种长度单位。它很小，1纳米等于一百万分之一毫米，相当于我们一根头发丝直径的六万分之一。在如此小的尺度上，物体的物理、化学和生物学特性跟正常尺度的物体都是大相径庭的。纳米技术，在纳米尺度（0.1-100纳米）上能够操纵单个儿原子或分子进行加工制作的技术。

材料和制造 ▶

纳米材料在健康和健身产品中的应用最广，如化妆品、个人护理用品和服装等。

防晒霜中就添加了纳米二氧化钛或氧化锌等防晒成分。

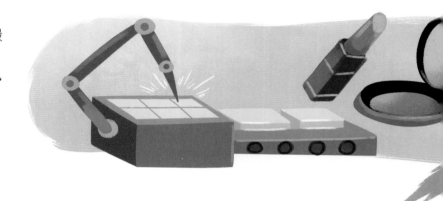

信息技术 ▶

集成电路是纳米技术的最佳代表。微小的电路板上横纵分布着无数个电子芯片，不仅缩小了电子产品的体积，还提高了性能。

比如，离我们日常生活最近的智能手机、电脑等电子产品中的芯片，就是纳米技术应用最好的体现。

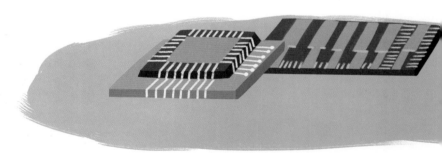

医疗和健康 ▶

另外，纳米技术在医疗和健康领域的应用也很广。纳米技术所研究的物体的尺度都是比较小的，甚至要小于我们人体的细胞。

这样，纳米级别的药物就可以穿过细胞，直达病人的病灶部位，进行有针对性的治疗。

纳米专利最多 ▲

中国的纳米专利申请量位列世界第一，这与中国纳米科研强国的地位相一致。过去 20 年，中国的纳米专利申请量累计达 20 多万件，占全球总量的 45％，是美国同期累计申请总量的两倍以上。

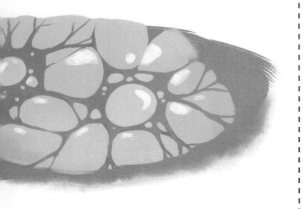

纳米机构众多 ▲

中国有五家机构位列全球十大纳米专利的机构申请者，包括中国科学院、浙江大学、清华大学、天津大学和鸿海精密工业股份有限公司。

中国新名片

超级工程

中华人民共和国成立 70 年来，中国人用自己的聪明才智建造了无数个让世界震惊的超级工程，实现了一个又一个的"不可能"。

智能码头——洋山深水港 ▼

洋山深水港是全球规模最大、最先进的全自动化集装箱码头。过去，一台桥吊需配几十个工人服务；现在，一个工人就能操纵几台桥吊。过去，操作工人需要坐在 50 米高空的桥吊控制室，俯身向下操作集装箱；现在，工人们只需坐在后方中控室内，看着电脑屏幕，就能把庞大的集装箱吊起、放下。

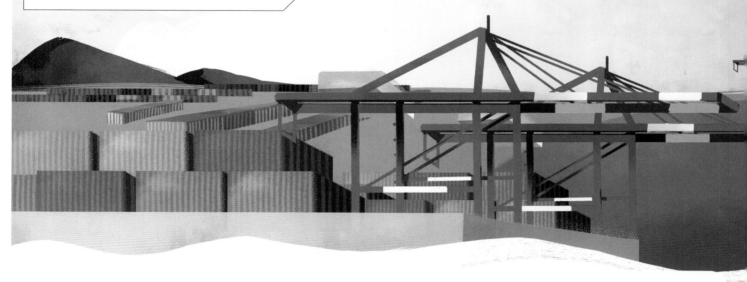

中国"天眼" ▼

在贵州省内有一个世界最大、最灵敏的单口径射电望远镜，能接受 100 多亿光年外的电磁信号，被誉为中国"天眼"。它与太空望远镜是不一样的，太空望远镜是用来观察宇宙的，它是用来听宇宙的。从 2017 年 10 月，中国"天眼"首次听到 2 颗脉冲星，到如今，它总共发现的脉冲星数量远超同期欧美多个脉冲星搜索团队发现数量的总和。

超级 LNG 船

LNG 船是指在 −163℃低温下运输液化天然气的专用船舶，它一次的运输量，可以供应 2300 万上海市民一个月液化天然气的使用量。中国 LNG 船的成功建造，标志着中国已经成为一个造船强国了。

海上巨型风力发电机——SL5000

SL5000 是目前世界上最大的海上风力发电机，它位于上海。它叶片直径达到 128 米，机舱上甚至可以起降直升机。在 20 年的设计寿命里，它可以从空气中获取 4 亿千瓦时的电能。

中国国产航空母舰

2019 年 12 月 17 日，中国第一艘国产航空母舰"山东舰"加入人民海军战斗序列。"山东舰"的交付标志着中国海军空中打击力量得到进一步提升，也使得中国成为继美国、英国和意大利之后拥有多艘航空母舰的国家。

图书在版编目（CIP）数据

人文科技 / 上尚印象编绘. -- 长春 ： 北方妇女儿
童出版社，2022.8（2024.10重印）
　（不能不知道的中国）
　ISBN 978-7-5585-6405-5

　Ⅰ. ①人… Ⅱ. ①上… Ⅲ. ①科学技术—创造发明—
中国—儿童读物 Ⅳ. ①N092-49

　中国版本图书馆CIP数据核字(2022)第005761号

不能不知道的中国·人文科技

BU NENG BU ZHIDAO DE ZHONGGUO·RENWEN KEJI

出 版 人：师晓晖

策　　划：师晓晖

责任编辑：王丹丹

开　　本：889mm×1194mm　1/16

印　　张：3

字　　数：100千字

版　　次：2022年8月第1版

印　　次：2024年10月第4次印刷

印　　刷：长春人民印业有限公司

出　　版：北方妇女儿童出版社

发　　行：北方妇女儿童出版社

地　　址：长春市福祉大路5788号

电　　话：总编办：0431-81629600

　　　　　　发行科：0431-81629633

定　　价：29.80元